JN155963

エナガの一生

文　松原卓二　絵　萩岩睦美

東京書籍

❦誕　生❦	5
❦巣立ち❦	13
❦夏の大家族群❦	35
❦冬の小群❦	39
❦はじめての巣作り❦	53
❦2度目の春❦	75
❦子育てに奮闘❦	81
❦3度目の春❦	97
❦命をつなぐ❦	103

誕　生

森の木々が芽吹きはじめた
4月下旬のある日。
5メートルほどの高さがある
アセビの中ほどに、
コケを編んで作った
まるい鳥の巣がありました。
その小さな入り口から、
かわいらしいエナガのお母さんが、
外を眺めています。

巣の中にはぎっしりとあたたかな羽毛が
敷き詰められており、5つの卵がありました。

お母さんにあたためられて2週間、
そろそろかえるころあいです。

と、ひとつの卵から、
赤くて小さな裸ん坊のヒナ（♂）がかえりました。
彼を、「ピッピ」と呼ぶことにしましょう。
殻を破って出てきたピッピは、
まだ目が開いていませんが、
体をモゾモゾと動かし、
黄色い口をぱくぱくしています。
残る４個の卵もつぎつぎと孵化しました。

外はまだ肌寒い季節ですが、
ピッピは、巣の中に敷き詰められた羽毛と、
お母さんや兄弟たちのぬくもりに包まれて、
ほかほかと快適です。

外の世界から、
お父さんがエサ
（小さなアブラムシ）を
運んできました。
生まれた瞬間から猛烈な
育ちざかりのピッピは、
いつもお腹がペッコペコ。
ピュルルイ！ピュルルイ！
（お腹がすいたよ）と一生懸命に
黄色いクチバシをひらき、
兄弟たちと競ってエサをねだります。
お母さんはお父さんから
受け取ったエサを、
黄色い口の列に次々に
配給していくのでした。

毎日食べては寝て、食べては寝て。
ピッピの体はぐんぐん大きくなり、目が開き、
しだいに羽毛も生えてきます。

しかしそんなある朝、
体の小さな兄弟がひとり、
冷たくなってしまいました。
エサをもらう力が足りなかったようです。
悲しいことですが、この世界で生き残るには、
運と体力が必要なのです。

すっかり羽毛が生えそろったピッピ。
兄弟たちとかわるがわる外の世界を眺めます。
みんなが大きくなったので、お母さんも巣から出て、
お父さんといっしょにエサを運ぶようになりました。
エサが届くのが待ち遠しいですね。

巣立ち

卵からかえって17日目の朝。

山際から顔をだした太陽がほんのりと巣をあたためはじめたころ、

巣立ちのときがやってきました。お父さんとお母さんが、

巣の外でチュルリ・チュルリ（出ておいで、出ておいで）と

ピッピたちに呼びかけます。

ピッピは勇気を出して…

巣から飛び出しました。

生まれて初めての飛翔。
ピッピは、まだ育ち切っていない
幼い翼をめいっぱいバタバタと
動かしますが、その様子は「飛ぶ」
というより「落ちる」といった感じ。
ほぼ一直線にスーッと
3メートルほど下の
茂みの中に「落ちて」いき、
怪我をすることもなく、
無事着地しました。
ピッピは小枝にぎゅっとしがみついて、
あたりの様子をうかがいます。

おだやかな5月の太陽が、
風にそよぐ葉っぱの間から
チラチラと差し込んできます。

ピッピに続いて、ほかの兄弟たちもポロリ、
ポロリと巣からこぼれ落ちてきました。
生まれて初めて経験する巣の外の世界に緊張して、
みんなでギュウウウウウッと肌を寄せ合うのでした。

少し落ち着いてくると、
まわりの様子が気になってきました。
ゆらゆら揺れているアレはなんだろう？（草です）
ピッピたちは、あたりをキョロキョロと見回しては、
妙に確かな足取りで茂みの中を歩き回りはじめました。
巣の中の生活では、翼より足の方がずっと強く
きたえられるようですね。

茂みを移動する間、
高いモミの上からニホンリスに
じっと見られていることに
気が付きました。
でも、ピッピはあまり
こわくありませんでした。
というのも、生まれつき、
ヘビや猛禽類といった
「危ない動物」と、それ以外とを
識別する能力があるからです。

ピッピたちが巣立ったこの季節には、
キビタキやオオルリ、クロツグミ、サンコウチョウといった
夏鳥たちが遥か南の国から渡ってきます。
彼らの美しい歌声が響き渡り、
森はとてもにぎやかになるのでした。

ピッピは夏鳥たちのような
美しいさえずりを持ちません。
でもそのかわり、群れの仲間同士で
朝から晩まで語り合うための
とても多彩な言葉を持っています。

ピッピは巣の下の茂みを歩き回り、草や落ち葉をつついたりして
ひとしきり探検すると、なんだかくたびれてしまいました。
まだ巣立ったばかりなのでとても疲れやすく、15分もするともうヘトヘト。
お父さんの声がするほうへ向かうと、兄弟が集まってきたので、
枝の上でいっしょに休むことにしました。
みんなと肌を寄せ合ったピッピは、すっかり安心してしまって、
ウトウトと居眠りをはじめるのでした。

居眠りから目覚めたピッピたちは
「チチチチ」「ピュルピュル」と元気に声をあげながら、
茂みの中を歩いたり少し飛んだりしながら探検を再開します。
そうこうするうちに、だんだん翼の使い方がわかってきたピッピは、
5メートルくらいの小高い枝にも飛び移れるようになりました。
大進歩です。

探検で50メートルほど移動すると、ピッピたちは疲れてしまって、
またまた一列になって休憩します。
そこへ、お母さんとお父さんが、おいしいエサを運んできました。
ピッピは黄色いクチバシをめいっぱいあけて
「ちょうだいちょうだい」とアピールするのでした。
探検→食事→居眠り→食事→探検。
この繰り返しで一日が過ぎていきます。

だんだん日が落ちてきたころ、
ピッピがひとりで休んでいると、となりにヤマガラがやってきて
「この坊主なんなのよ」とばかりに、背中をつついてきました。
こわくなってじっと固まっているうちに、
ヤマガラおばさんは飽きてどこかへ行ってしまいました。

探検中、茂みの向こうでお父さんお母さんが
「ジュリ、ジュリジュリ！ジュリリ！」と
殺気立った大声をあげはじめたので、
ピッピはびっくりしてその場で小さく固まって、
息をひそめました。

兄弟のひとりが、
冬眠からめざめたアオダイショウに捕まって、
食べられてしまったのです。
お父さんお母さんが必死に鳴き声をあげても、
どうすることもできませんでした。

巣立ちから３日目。
ピッピたちはすっかり翼の使い方をおぼえ、
もう地面に降りることなく、高い木の間を飛び回り、
枝の上でお団子になって休むようになりました。
ヘビやテンのような地面近くの捕食者から
狙われる心配が減り、ほっと一安心です。

ピッピは日々ぐんぐん成長します。
そのため、四六時中「ウーン」と伸びをしたり、
ハネをググーッと広げたり、といった「体操」をします。
とくに昼寝から目覚めたあとには、
兄弟で並んで気持ち良さそうに体操をするのが
習慣になりました。
あまりにもリキんで体操をするもんだから、
顔がヘンになってしまいます。

ある日のピッピたちが休息場所に選んだ枝は、
葉っぱの間から太陽の光がたっぷりふりそそぐ場所でした。
お日様にポカポカとあたためられたピッピたちは、
口をホゲーっと開いてリラックスするのでした。

ピッピが枯葉を見つけました。
コレ食べられるかな、と思ってくわえてみましたが、
どうも、なんか、ちがうようです。
お父さんは「食べ物とはこういう虫とかなんだがなぁ」と、
あきれてピッピを眺めるのでした。
ピッピにはまだまだエサ取りはできないようです。

巣立ちから一週間。
いつものようにピッピが兄弟と
クマザサのやぶを探検していると、
「ピュルルイ、ピュルルイ」と
エサをねだる声が聞こえてきます。
いったい誰なんだろう？
ピッピが近づいていくと、
ピッピとそっくり同じ姿の子たちが、
なんと、10 羽も並んでいました。
どうやらとなりの家族のようです。

ピッピは、初めて出会うほかの家族を、
まじまじと見つめたあと、少し近づいて
挨拶してみましたが、とくに怒られることもなく、
なんとなく仲良くなった感じです。
このあとこの家族とは、ときどき一緒に
行動するようになりました。

梅雨の恵みで森の木々が
より一層緑濃くなる６月半ば。
巣立ち１か月を迎えたピッピは、
おいしそうなエサをもった
お母さんを見つけるやいなや、
さっと近づいて、
お得意の口を大きくひらく
「くれくれアピール」をしました。
けれど、お母さんはエサをくれず、
ふいっと飛び立ってしまいました。
ピッピはあわててあとを追いかけて、
再度アピールしまくって、
ようやくエサをもらえたのでした。
お父さんもお母さんも、
だんだんエサをくれなくなってきたので、
ピッピはいつもお腹をすかせています。

腹ペコにたまりかねて何か食べられるものがないか周りを見渡したピッピは、
すぐそばの木の葉の裏に、とてもおいしそうな幼虫がくっついているのを見つけました。
「やった！ごちそうだ！」
ピッピは、自分でそれをとって食べてみました。
幼虫はピンピンといきがよくて暴れるので、飲みこむのにちょっと苦労しました。
そうして何匹か食べているうちに、だんだんコツがわかってきました。
そう、幼虫のはじっこをくわえて、木の枝にビシビシと叩きつけてやると、
食べやすくなるんだ。いつもお母さんがやっているあの技だね。

梅雨も明けた７月半ば。
巣立ちから２カ月を過ぎたピッピは、
立派な若鳥に成長しました。
尾羽が伸び、目の下にあるヒナ特有のグレーの羽毛が
白い羽毛に生え変わりつつあります。
なにより、エサを自分でとることができるようになって、
なんだかすこし誇らしげです。

夏の大家族群

ピッピたち兄弟は、
並んで昼寝をすることはもうありませんが、
ありあまる力を、おしくらまんじゅうで
発散するようになりました。
兄弟同士、誰が強くて誰が弱いかといった
順位づけが、自然と行われていきます。

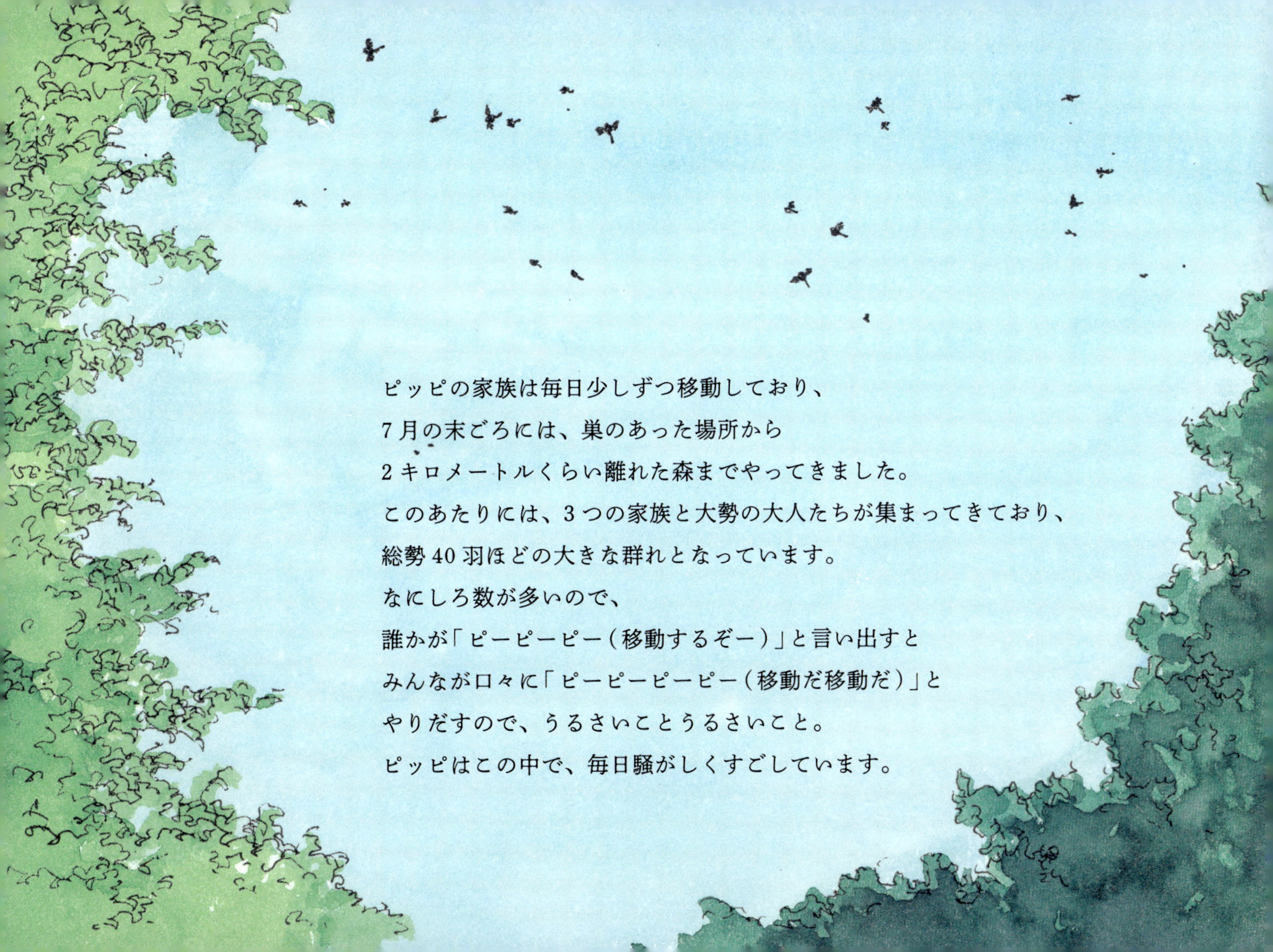

ピッピの家族は毎日少しずつ移動しており、
7月の末ごろには、巣のあった場所から
2キロメートルくらい離れた森までやってきました。
このあたりには、3つの家族と大勢の大人たちが集まってきており、
総勢40羽ほどの大きな群れとなっています。
なにしろ数が多いので、
誰かが「ピーピーピー（移動するぞー）」と言い出すと
みんなが口々に「ピーピーピーピー（移動だ移動だ）」と
やりだすので、うるさいことうるさいこと。
ピッピはこの中で、毎日騒がしくすごしています。

ピッピ一家は、大家族群の小さなグループとして
生活しています。ときおりよその子が
混じってきたり、ピッピの兄弟が別の家族といっしょに
寝てしまったりすることもありますが、
みんな気にしないようです。
だんだん薄くなっていくピッピの頬の羽毛とともに、
にぎやかな夏が過ぎていきました。

冬の小群

森の木々が葉を落としはじめる秋。
全身の羽毛が生えかわる換毛期を終えたピッピは、
すっかり大人の姿となりました。
灰色だった頬は真っ白になり、
マブタの色は赤から黄色に変わりました。
そしてなによりもエナガを
エナガらしく見せている尾羽も、
こんなにきれいに生えそろいました。

夏の終わりとともに、
大家族群は徐々に小さなグループ（冬の小群）に
分かれていきます。大人になったピッピも、
夏の間に知り合った仲間たちと８羽の小群を作りました。
小群は長径600メートルくらいの縄張りを持ちます。

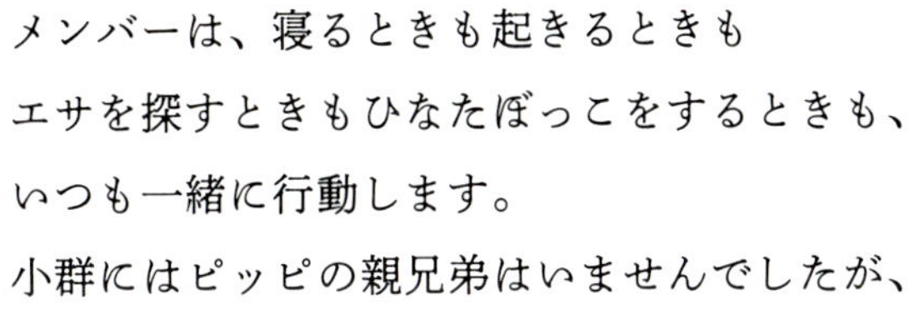

メンバーは、寝るときも起きるときも
エサを探すときもひなたぼっこをするときも、
いつも一緒に行動します。
小群にはピッピの親兄弟はいませんでしたが、
大人になった今は、仲間さえいれば安心でした。
群の仲間とは、同じエサを巡って
ちょっとばかりケンカすることもあるけれど、
大丈夫、すぐ仲直りします。

ごきげんなときのピッピは、
いつも「ツブ…ツブ…」と
小さくつぶやきながら過ごします。
ピッピの仲間たちも同じように
つぶやいています。
お互いのつぶやきが
聞こえる範囲で行動するので、
めったに群れからはぐれることはありません。

ひとりだけエサに夢中になっていたりして、
群れからはぐれてしまったときなどは、
とたんに寂しくなってしまい、
木のてっぺんに止まって「ピーピー、ピーピー」と、
森中に響き渡るような大きな声で鳴きます。
すると、遠くにいる仲間が
「ピーピー」と鳴き返してくれるので、
無事に群れに戻ることができるのでした。

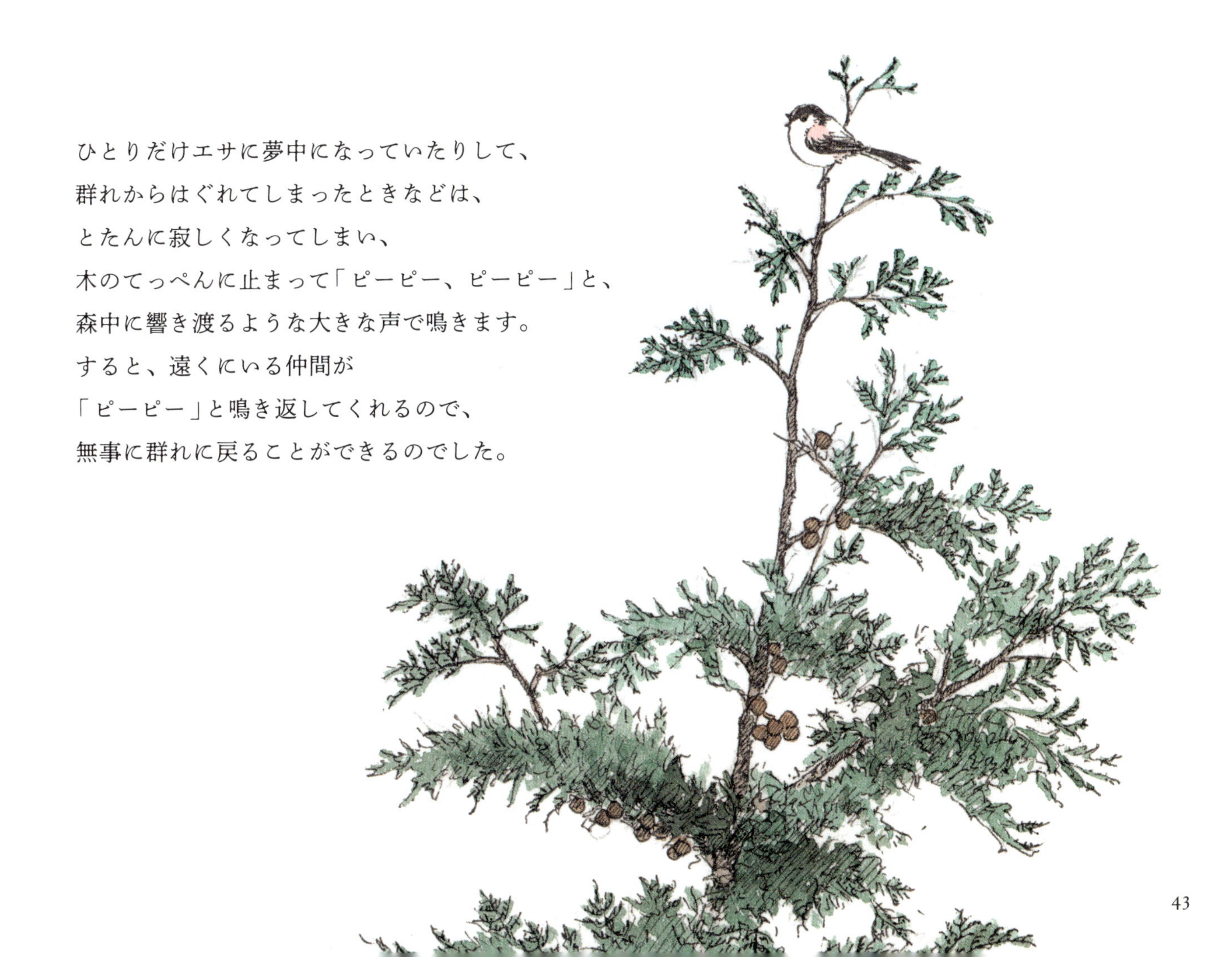

ピッピは熟したムラサキシキブの実を見つけました。
この小さな紫色の木の実はエナガの大好物で、
厳しい冬を乗り切るためのとても貴重な食料なのです。
ピッピはうれしくなって小群の仲間を呼び寄せて、みんなで仲良く食べました。

ムラサキシキブの実をたべようとして
細い枝につかまると、体がクルッと回転して、
枝の下にブラーンとぶらさがってしまいます。
でもピッピはとっても器用なので、
何の問題もありません。
ぶらさがったまま手づかみで
木の実を食べることもできますよ。

虫が少なくなり、木の実も
あらかた食べつくしてしまう1月から2月にかけては、
一年でいちばん食べ物が少ない時期です。
ピッピたちは一日中、食べ物を探して移動します。
主な食糧は、木肌や冬芽についた
小さなアブラムシやカイガラムシ。
ジーっと見てはツンツン、ジーっと見てはツンツン。

ピッピが暮らす標高1000メートルの山中では、
真冬になると昼間でも水場が凍ってしまいます。
でもピッピたちの縄張りには、折れた枝や
傷ついた部分から樹液がしみ出している木が何本もあり、
格好の給水場となっています。
ほんのり甘くておいしい樹液を、
群れのみんなで仲良くペロペロなめるのが、
ここ最近の日課です。

ピッピたちの群れが、いつものようにエサをさがして移動していると、
縄張りのはしっこのほうで、となりの群れと遭遇し、
縄張り争いがはじまりました。こっちの木にはピッピの群れのみんなが、
そして向こうの木にはとなりの連中が集まって、
たがいに「ツピッ！ツピッ！ジュリリ！」と鳴きあいます。

群れどうしで鳴きあっているうちに、
だんだん戦いの雰囲気が盛り上がってきて、
ついには、群れのオスたちが
となりのオスたちと、
追いかけあいをはじめました。
もちろんピッピも
オリャーっとばかりに参戦です。
ピッピが相手に狙いをつけて
追いかけると、空中で
取っ組みあいになりました。
たがいに足で蹴りあいながら、
地面まで落ちて、
また飛び上がります。
そうしてひとしきり騒いでから、
双方それぞれの縄張りに
帰っていきました。

日が暮れて薄暗くなってきたころ、ピッピたちの群れは「ねぐら」へと戻ってきます。
ねぐらは縄張りの中に3か所ほど選んであるやぶのことで、どこで眠るかは、その日の気分で決まります。
今日のねぐらについたら「チッ、チッ、ツッ、ツッ」(寝よう、寝よう)と
小声で言葉をかわすことで「これから寝よう」と意思を統一します。
はじめは、手ごろな枝の上で、1羽が身づくろいをします。そこへもう1羽がやってきて、
となりにペトリとくっつきます。これで2羽が並びます。3羽目がどうするかというと、
なぜかしら、最初に並んでいた2羽の間に強引に割りこみます。
4羽目も5羽目も、次から次へと割りこみます。
なので、最初に並んでいた2羽は、まるでブックエンドのように、
常に列の両端の「押さえ役」みたいになってしまうわけです。

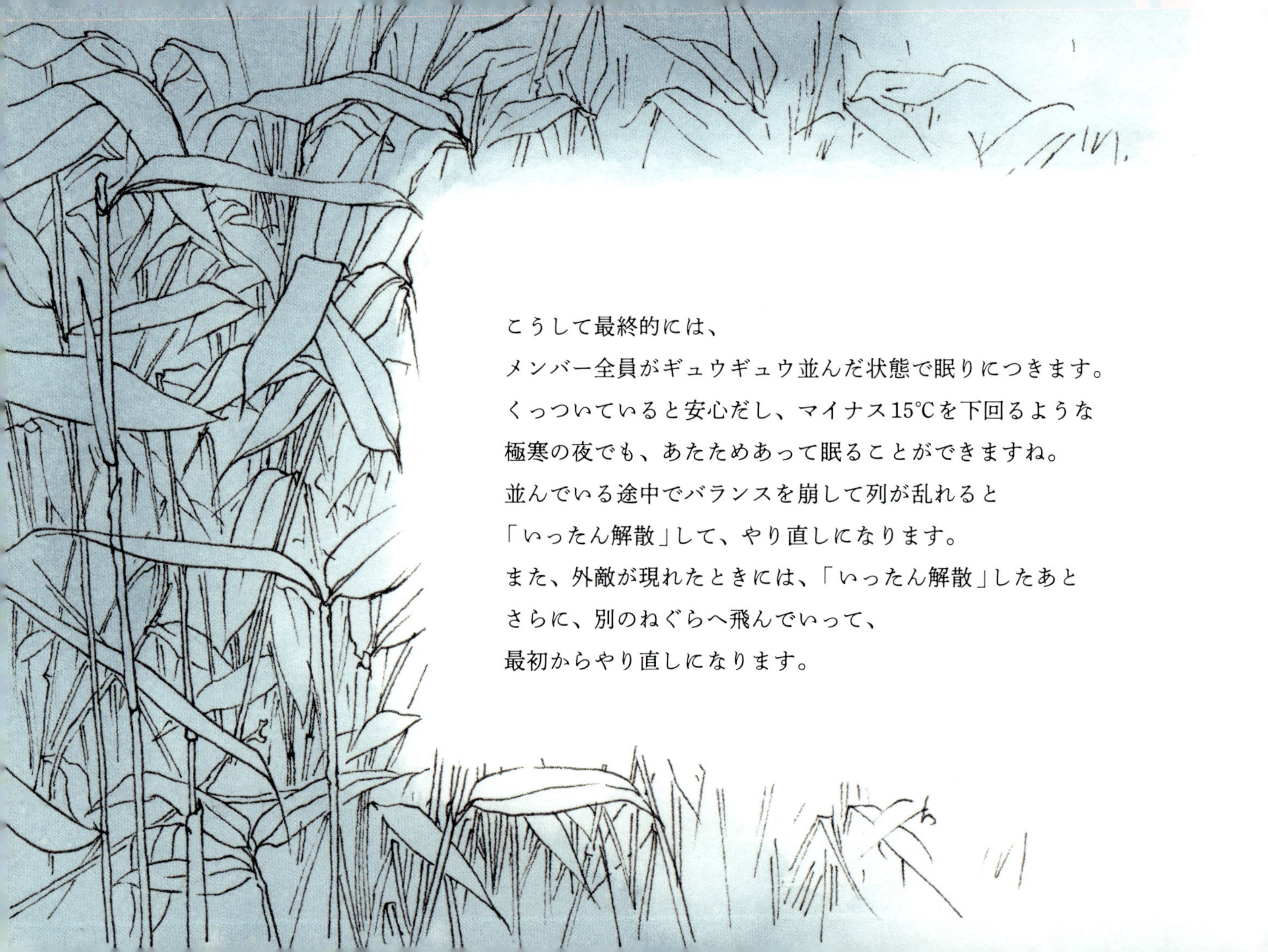

こうして最終的には、
メンバー全員がギュウギュウ並んだ状態で眠りにつきます。
くっついていると安心だし、マイナス15℃を下回るような
極寒の夜でも、あたためあって眠ることができますね。
並んでいる途中でバランスを崩して列が乱れると
「いったん解散」して、やり直しになります。
また、外敵が現れたときには、「いったん解散」したあと
さらに、別のねぐらへ飛んでいって、
最初からやり直しになります。

はじめての巣作り

2月。一年で最も冷え込む季節になりました。
ピッピは、群れにいる1羽の女の子が気になって、
ずっとその子の近くで過ごすようになりました。
女の子もピッピを気に入ってくれて、
それからはずっといっしょに行動するようになりました。
恋の季節のはじまりです。彼女を「チルル」と呼ぶことにしましょう。
ある晴れた暖かい午後、ピッピはチルルといっしょに群れを離れて、
数時間のデートを楽しんだあと、また群れと合流し、
みんなでねぐらへ帰って、一列になって眠りました。
暖かくなるにつれ、ピッピとチルルのデート時間が延びて、
巣を掛ける場所をいっしょに探したりするようになりました。
今日も気になる木の又を見つけたピッピは、
チルルを呼んで「ここはどう?」と提案しました。
チルルはその木の又にお腹をこすりつけたりしてみましたが、
なかなか気に入らないようです。

3月になって、気に入った場所が見つかった
ピッピとチルルは、ついに巣作りをはじめました。
最初に必要となるのは、クモの卵嚢やガの繭です。
それらの細かい糸は、巣を木の又にくっつけるために
なくてはならない材料なのです。
だれに教えられたわけでもないのだけれど、
ピッピにはそれがわかっていました。

巣の場所は、フジキの大木の又です。
集めてきた細かい糸を、なんどもなんども木の又に
からみつかせ、取ってきたコケや地衣類を
のせていきます。そしてその上から
グリグリグリグリグリと腹をこすりつけて、
しっかりとした土台をつくりました。

ピッピとチルルは木の幹に繁茂した
コケをむしりとって巣へ運びます。
そして、クモの糸などを使って巣の外壁を
袋状に積み上げていきます。
また、この時期なぜかよく抜け落ちている
真っ白な鹿の尻毛も拾い集めて、
巣の外壁に織り込みます。

ふたりは大の仲良し。巣材を集めにいくときも、巣に戻るときも、いつもいっしょです。
ピッピが繭をほどいているときはチルルがそのうしろでじっと待ち、
チルルがコケを採取しているときにはピッピがじっと待ちます。
はじめはピッピのほうが熱心でしたが、だんだんチルルのほうが夢中に。
お互いにキュキュキュ、クリュリュリュ、チルルルルなどと小さくつぶやきあいながら、
巣作りを心の底から楽しんでいます。

巣作りをはじめて２週間、
壁がだんだん高くなり、最後に天井部分をまーるく作って、
外壁が完成しました。外壁ができたら巣の中で眠ることができます。
なのでピッピとチルルは今日からは群れのねぐらには帰らず、
新居の中でふたりっきり、ぴったり寄り添って眠るのでした。

外壁の次は内装工事です。
必要になるのは鳥の羽毛。
抜け落ちた鳥の羽毛を拾ったり、
他の鳥の死骸からごっそりと採取したりします。
いつもピッピたちに意地悪ばかりしている
カケスの羽毛でも、ピッピたちの巣に
ぴったり収まる、ちょうどよいサイズなので、
どんどん拾って利用します。

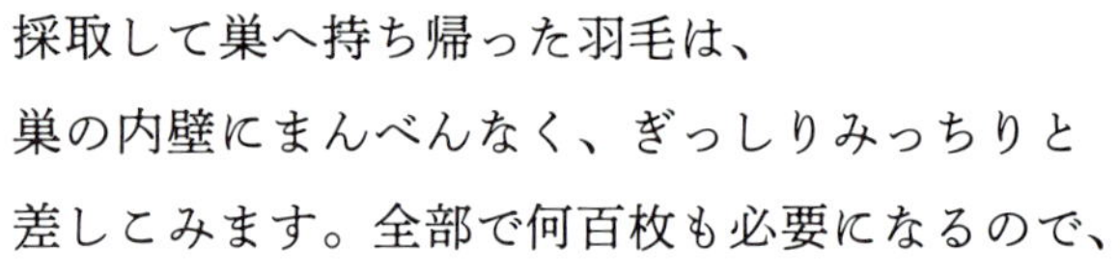

採取して巣へ持ち帰った羽毛は、
巣の内壁にまんべんなく、ぎっしりみっちりと
差しこみます。全部で何百枚も必要になるので、
何日もかけて何十回も運びます。

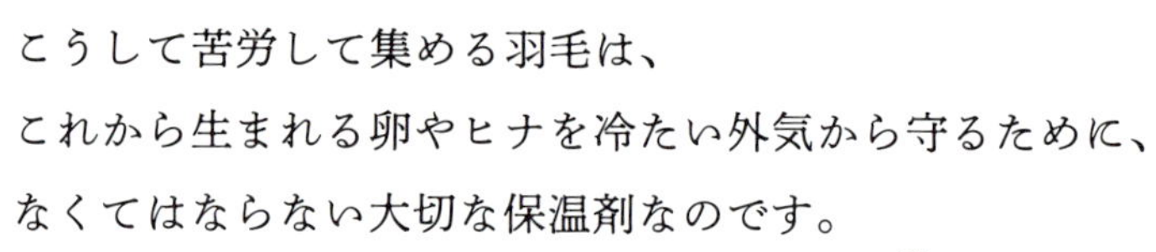

こうして苦労して集める羽毛は、
これから生まれる卵やヒナを冷たい外気から守るために、
なくてはならない大切な保温剤なのです。

春の嵐がやってきました。ピカッと空を走った稲妻が、
巣の中のピッピとチルルを照らし出します。
しばらくすると雨がバラバラと落ちてきて、同時に
猛烈な風が吹きはじめ、ふたりの巣を大きく揺らしました。
ピッピとチルルは、今にも壊れそうな巣から逃げ出して、
クマザサのやぶに避難しました。

そうして嵐をやりすごした
ふたりが朝になって戻ってみると、
巣はバラバラになっていました。

一所懸命に作り上げた巣が壊れてしまって、
ピッピとチルルは心底がっかりしました。
でも、恋の季節はまだ終わっていません。
ふたりは２度目の巣作りに向けて、
さっと気持ちを切り替えました。

壊れた巣から
100メートルほど
離れたところにある栗の木。
ここに新しい巣を作ることにしました。
ピッピもチルルも２度目の作業ですから、
手際の良いこと良いこと。
朝から夕方まで作業し続けて、どんどん
外壁を積んでいきます。
新しく選んだ場所には
小さな枝がいくつかあって、
巣を頑丈にしばりつけることができます。
止まり木にも使えて、
巣に出入りするのがとても楽です。

ピッピとチルルのがんばりで、
工事開始からたったの４日で外壁が完成しました。
あとは羽毛を運びこむだけ。その羽毛のほとんどは、
壊れた前の巣から運んできたので、
結局６日間ですべて完成しました。たいしたものです。
新しい巣が完成したピッピとチルルは、産卵期に入りました。
あたたかなお昼ごろ、ふたりはやぶの中でひっそりと交尾をします。
そして毎日１個ずつ、卵を産み落としていきます。
産卵の時間以外には、あまり巣に立ち寄りません。

チルルが卵を産みはじめてから３日目のこと、
巣の近くでカケスがうろついているのをピッピが見つけました。
カケスはエナガの卵を狙っているのです。
ピッピは猛然と突進し、カケスのそばで「ジュリ！ジュリリリ！」と
精いっぱいの威嚇の声をあげながら飛び回ります。
チルルも少し後方から声をあげています。

ふたりはカケスがあきらめて行ってしまうまで、
ずっと声をあげ、飛び回り続けました。

そして翌日。

卵を産みに巣へ立ち寄ってみると、なんてことでしょう。

巣がカケスに壊されたらしく、卵もすっかりなくなっていました。

新しく巣を作り直して子を育てるには、もう時間がありません。

こうして、ふたりの恋の季節は終わりました。

夏になり、ピッピとチルルは、
他の家族たちと合流して夏の大家族群を作りました。
ピッピとチルルには子ができませんでしたが、
ほかのメンバーが連れてきた大勢のヒナたちに囲まれた、
にぎやかな生活がはじまりました。
ピッピが虫を食べていると、群れのヒナたちが
パタパタと飛んできて、黄色いクチバシを開いて
「ちょうだいちょうだい」といってきます。
正直ちょっと迷惑なのですが、
でも、ヒナたちの黄色いクチバシを見ると、
無性に虫をあげたくなってしまうピッピでした。

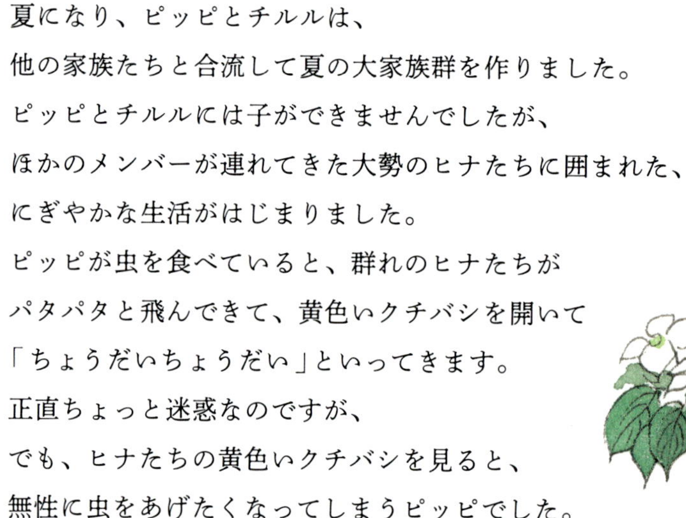

ピッピは２度目の冬を迎え、
夏の間に出会った気の合う仲間と、
昨年同様の小群を作りました。
もちろんチルルもいっしょです。

エサが少なく、凍える冬は、
ピッピたちにとって厳しい季節です。

2度目の春

そしてまた春がやってきました。
ピッピとチルルは今年も仲良く力を合わせて
巣を作りました。毎日１個ずつ卵を産み、
全部で７個になったとき、チルルは満足して、
抱卵をはじめました。

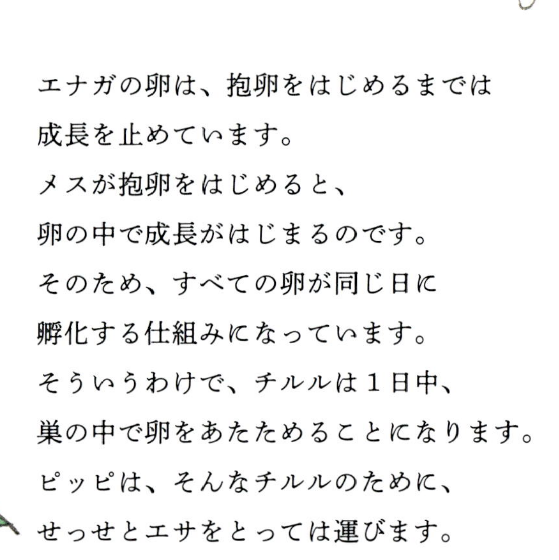

エナガの卵は、抱卵をはじめるまでは
成長を止めています。
メスが抱卵をはじめると、
卵の中で成長がはじまるのです。
そのため、すべての卵が同じ日に
孵化する仕組みになっています。
そういうわけで、チルルは１日中、
巣の中で卵をあたためることになります。
ピッピは、そんなチルルのために、
せっせとエサをとっては運びます。

いつも誰かといっしょに過ごすのがあたりまえのピッピにとっては、
チルルが巣にこもりっきりのときは、寂しくて心細いものです。
なので、ときおりチルルが用足しに巣から出てきたときには、
とてもうれしそうにチルルにくっついて飛び回ります。

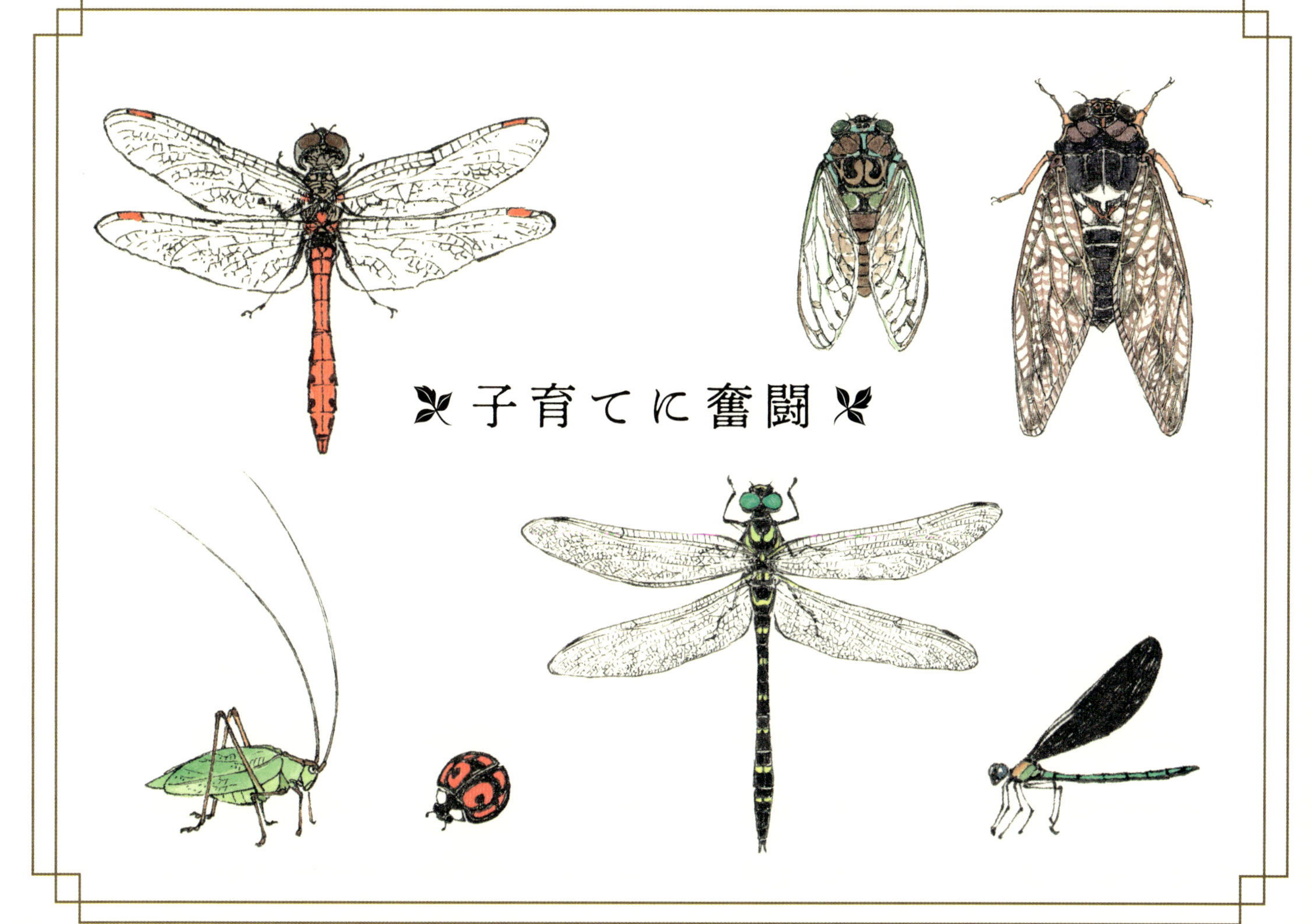

子育てに奮闘

うまれたヒナには羽毛がありません。
体温が保持できるくらい羽毛が生えてくるまでの間は、
チルルがヒナたちをあたため続けます。
ピッピはますますはりきって、チルルのもとへとエサを運びます。
そして夜になると、ピッピも巣の中に入って、
チルルとふたりでヒナたちをあたためながら、眠ります。

ヒナたちに羽毛が生えてきたので、
チルルも外へ出て、ピッピとふたりで
エサを運ぶようになりました。
チルルはいままでずっと巣の中で卵を、
そしてヒナをあたためていたので、
長い尾羽に寝癖がついてしまいました。
またチルルといっしょに飛び回れるので、
ピッピは嬉しくてしかたありません。

ピッピとチルルは、ヒナの成長にあわせて、最初は小さな虫を、
だんだん大きな虫を捕まえて運びます。朝から晩までずっと運びます。
ヒナたちは、巣の入り口までせいいっぱい首をのばし、
黄色いクチバシを大きくあけてエサを受け取ります。
育ち盛りのヒナたちは、たくさん食べて、たくさんフンを出します。
ピッピとチルルは毎日何度も白い塊状のフンをくわえて、巣の外へ捨てにいきます。
かくして、巣の中はいつも清潔に保たれています。

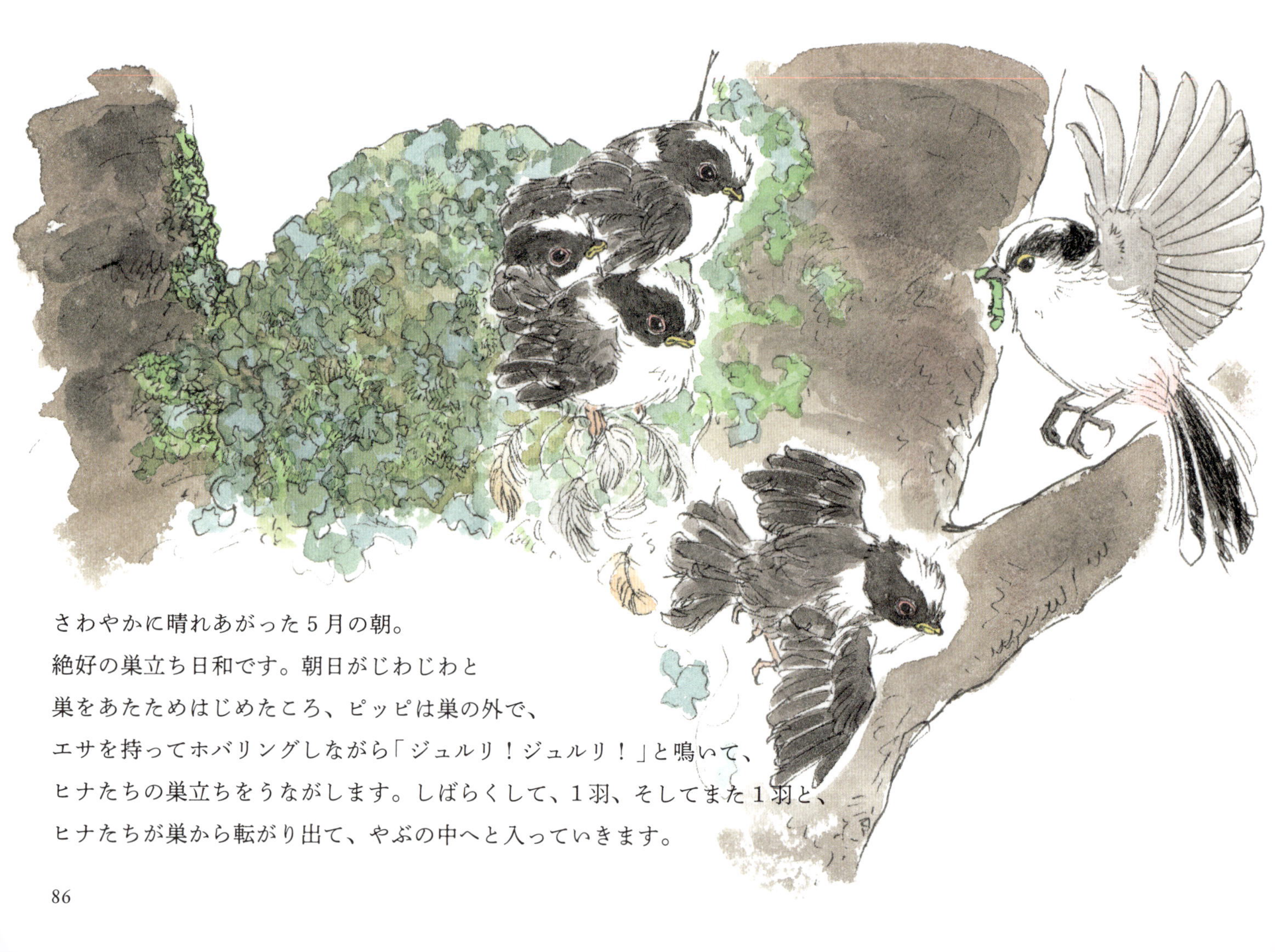

さわやかに晴れあがった５月の朝。
絶好の巣立ち日和です。朝日がじわじわと
巣をあたためはじめたころ、ピッピは巣の外で、
エサを持ってホバリングしながら「ジュルリ！ジュルリ！」と鳴いて、
ヒナたちの巣立ちをうながします。しばらくして、１羽、そしてまた１羽と、
ヒナたちが巣から転がり出て、やぶの中へと入っていきます。

ピッピは全員ちゃんと巣立ったかどうか、
居残っているヒナがいないかどうか、
巣の中を見て、確認します。
だいじょうぶ。全員無事に巣立っています。

ピッピとチルルは、やぶのなかを
あっちこっち探検しているヒナたちを呼んで、
アセビの茂った安全なところに集めました。
ヒナたちは、アセビの枝に一列に並んで、
ウトウトと居眠りをはじめました。

ヘビやテンなど、
地上にはこわい天敵がたくさんいます。
ヒナたちが寝ている間に、
ピッピとチルルは急いでエサを
探しにいきました。

元気なヒナはあっちこっち動いては
「お腹ペコペコ」と騒ぎます。
ピッピとチルルはそんなヒナたちが
かわいくてしかたありません。
自分がエサを食べるのも忘れて、
朝から晩までヒナたちのもとへエサを運びます。

巣立ち２日目。
ヒナたちの食欲には限度というものがありません。
休む間もなくエサを取っては運び、取っては運び。
毛づくろいをする暇もありません。
ピッピとチルルの姿は、だんだんヨレヨレになってきました。

巣立ちから１週間。

良い天気になりました。今日は水浴びをしたあと、

満開のズミの木にとまり、ポカポカの日光を浴びながら、

のんびりと羽繕いをしました。

ヒナたちはみな元気よく育ち、ピッピとチルルにも

少しずつ余裕が出てきました。

夏がきました。
ピッピとチルルのヒナたちはみな、
立派に成長し、大家族群のなかで
にぎやかに過ごしています。
ヒナたちはいまだにピッピを見ると
「エサクレー」とおねだりをしてきますが、
もうクチバシが黄色くないためか、
ピッピはあまり「エサをあげたい」という
気持ちが湧かなくなっていました。
夏の森にはピッピたちの大好物、
ガ類の幼虫がたくさん見つかります。
ピッピとチルルは、
大きな虫をたっぷりと食べて、
子育てで疲れた体を回復させます。

ピッピは３度目の冬を迎えました。
この冬の小群のメンバーは、チルル、
息子がひとり、あとはすっかり顔なじみの
仲良したちで、総勢10羽になりました。
朽木に生えたきのこに、小さな虫が
たくさんついているのを見つけた
ピッピは、群れの仲間を呼び寄せて、
みんなで美味しくいただきました。

3度目の春

ピッピは３歳になり、
今年もまたチルルと一緒に巣を作りました。
コケと糸で外壁を作り、羽毛で内装を作り、
そして産卵がはじまります。
毎日１個ずつ卵を産み足し、
それが３個になったある日、
突然、チルルがツミに襲われました。
チルルはツミの鋭い爪にかかり、
そのまま連れ去られてしまいました。
ピッピにはどうすることも
できませんでした。

ピッピはひとりぼっちになってしまいました。
夜いっしょに寝てくれるチルルがいません。とても寂しい。
この時期は群れのねぐらもないので、ピッピは、クマザサのやぶのなかで、
ひとりっきりで眠りました。

それにしてもピッピは、あの子育ての充実感が忘れられませんでした。
ちいさなヒナたちの口にエサを入れてあげたい。
エサを入れたときのあのヒナたちの満足そうな声を、また聴きたい。
そう切に願いました。

ピッピは冬の小群の仲間の巣へでかけて、様子をうかがいました。

ちょうどヒナがかえっていて、仲間はそのお世話で大忙し。

ピッピはエサをくわえて巣へ近づき、ヒナにあげようとしました。

するとどうでしょう、仲間はピッピのことを受け入れて、エサをあげるのを、許してくれました。

ピッピは嬉しくて、なんどもなんどもエサを運びました。

ピッピは仲間の巣のヒナが巣立ったあとも、
ずっとその家族といっしょに過ごしています。
こうなるともう、我が子と何ら変わりがありません。
すっかり馴染みになったヒナたちの世話を、ピッピは心ゆくまで続けました。

命をつなぐ

そして秋が過ぎ、冬になりました。すでに老境にさしかかった
ピッピにとって、群れの移動についていくのは大変で、
もうそれだけで精一杯です。陽が傾いて薄暗くなるころ、
みなで体を寄せあって、ぬくぬくとあたためあいながら
眠るひとときが、なによりの楽しみです。

しんしんと雪が降り積もる朝。
仲間の「ピーピーピー（移動するよー）」の声が聞こえても、
長年の苦労と寒さで疲れ切ったピッピの翼は、
もはや羽ばたくちからを残していませんでした。

群れのリーダー格を務めるピッピの息子が戻ってきて
「ピーピーピー」と催促するも、ピッピは地面に座りこんだまま、
動きませんでした。

息子は後ろを振り返りつつ、
群れの仲間を追って飛び去りました。

そして、ピッピはそのまま、
雪の中で冷たくなっていきました。

次の春、息子がパートナーを連れて、
「ピッピを置き去った場所」へ戻ってきました。
そして、ピッピの体羽を３枚４枚と集めて
巣に持ち帰り、内装に使いました。

ピッピの残した羽毛に抱かれた卵たち。
きっと幸せに、すくすく育つことでしょう。

❦ 絵担当者あとがき ❦

一途なエナガ愛に満ちた松原さんの素晴らしい写真の数々。そのあまりのかわいらしさにすっかり魂抜かれたわたしは、「松原さんの写真を見ながらエナガを描きまくりたい」というぶしつけな望みをお伝えしたのですが、それがこんなに早く、こんな最高の形で実現しようとは！

わがままは言ってみるものです。

いただいた資料画像のエナガたちがすでに悶絶レベルでかわいいので、絵にするとどうしてもそこに到達できずに凹むこともしばしばありました。

そして、どれほどの愛と熱意と忍耐でそれらの写真が撮られたかがひしひしと伝わってくるだけに、とにかく真剣に丁寧に愛情込めて描くことを心がけました。リアルに、でもリアルすぎず個体のキャラクターを表現するというさじ加減に苦心しましたが、鳥好きと言いながらこれほど本格的に鳥の絵を描くのは初めてのことで、もうわくわくしっぱなし！ 100 ページを超える絵を描いている間中ずっと幸せな気持ちでいられました。

宝物の一冊ができました。

この機会を与えて下さった松原さん、超多忙な中素敵なデザインをして下さった名久井直子さん、そしてこの本の実現化に奔走してくださった編集の角田さんに心から感謝します。

萩岩　睦美

❦ 文担当者あとがき ❦

エナガは体重がわずか7グラム程度しかない、日本最小クラスの野鳥です。その姿は丸くて小さくてフワフワしたピンポン球。見たものをたちどころに幸せな気持ちにしてしまう、まるで妖精のような存在なのです。そんなエナガに魅せられた私は、毎日のようにエナガの群れを追いかけては写真に収め、生態をつぶさに観察しているうちに、いつしか、「あるエナガの一生を物語にしたい」と思うようになりました。でも写真ではそれが難しい。野生の個体の一生をすべて撮影するのは不可能だし、いろいろな個体の写真を当てはめて語るのは、何か違う。しかし絵ならばそれが可能です。鳥への愛にあふれる画家・萩岩睦美さんに描き下ろしていただくことで、魂を持った一羽のエナガがここに誕生し、たくましく育ち、恋をして子をなし、懸命に命をつないでゆく物語が完成しました。萩岩先生、ありがとうございます。心の底からの感謝を捧げます。

エナガは、日本の森林や都市の公園にも住んでいます。まだ見たことのない方は、ぜひ耳をすませて、ピーピー、チッチッ、チュルリと鳴き交わすエナガの群れを見つけてください。

動物写真家　松原卓二

〈参考文献〉

本書では、鳥類研究の先達が著された下記の書籍・論文を参考にするとともに、松原自身の観察に基づいて、できるかぎりリアルにエナガの生態を描きました。

・中村登流（1991）『エナガの群れ社会（信州の自然誌）』（信濃毎日新聞社）
・上野吉雄、佐藤英樹（2001）「広島県沿岸部におけるエナガ *Aegithalos caudatus* のつがい形成と冬季群形成」『日本鳥学会誌』Vol. 50
・小笠原暠（1975）「東北大学植物園におけるシジュウカラ科鳥類の混合群の解析　V 混合群の主構成種エナガの営巣場所とつがいの行動範囲」『山階鳥類研究所研究報告』Vol.7
・赤塚隆幸（2005）「エナガの卵や巣内ビナの捕食者」『Strix』第23巻（日本野鳥の会）
・赤塚隆幸（2005）「冬期のエナガの捕食者とそれに対する警戒反応」『Strix』第23巻（日本野鳥の会）

エナガの一生（いっしょう）

2017年9月15日　第1刷発行

著者　松原卓二（まつばらたくじ）、萩岩睦美（はぎいわむつみ）

発行者　千石雅仁
発行所　東京書籍株式会社
〒114-8524　東京都北区堀船2-17-1
電話　03-5390-7531（営業）
03-5390-7506（編集）

印刷・製本　図書印刷株式会社

ブックデザイン　名久井直子
PD　佐野正幸（図書印刷株式会社）
編集　角田晶子

ISBN 978-4-487-81104-5 C0045

出版情報　https://www.tokyo-shoseki.co.jp/

松原卓二

1965年兵庫県生まれ。
エナガが好きすぎて一冊まるごとエナガだけの写真集『エナガのねぐら』（東京書籍）を発表し、日本のエナガブームに火をつけた富士山麓在住の写真家。日本自然科学写真協会（SSP）所属。「かわいさ」と「おもしろさ」をテーマに、動物たちの顔や体、しぐさなどをつぶさに観察する独自のスタイルで写真集を発表している。その他の著書に『動物ω図鑑』（マガジンハウス）、『動物ｍｇ図鑑』（小学館）、『りすぼん』（講談社）、『美しき羽毛』（東京書籍）ほか。

萩岩睦美

1962年福岡県生まれ。漫画家・イラストレーター・絵本作家。
1978年のデビューより16年間少女誌「りぼん」にて、その後は女性誌「コーラス」「YOU」「office YOU」（すべて集英社）にて漫画作品を発表。代表作『銀曜日のおとぎばなし』『水玉模様のシンデレラ』『がんこちゃん』『天然家族』など。その他学習漫画『マリア・フォン・トラップ』、絵本『くりちゃんのふしぎながっき』（ともに集英社）、広告漫画、さし絵など。「モモマルくん」（北九州市）「ふくちのちのなかまたち」（福智町）といったキャラクターデザインも手がける。近年はグループ展への参加、個展など原画展示も。